Omkar Bawistale

Flora pteridófita do distrito de Chhindwara, Madhya-Pradesh, Índia

Omkar Bawistale

Flora pteridófita do distrito de Chhindwara, Madhya-Pradesh, Índia

ScienciaScripts

Imprint
Any brand names and product names mentioned in this book are subject to trademark, brand or patent protection and are trademarks or registered trademarks of their respective holders. The use of brand names, product names, common names, trade names, product descriptions etc. even without a particular marking in this work is in no way to be construed to mean that such names may be regarded as unrestricted in respect of trademark and brand protection legislation and could thus be used by anyone.

Cover image: www.ingimage.com

This book is a translation from the original published under ISBN 978-3-659-80650-6.

Publisher:
Sciencia Scripts
is a trademark of
Dodo Books Indian Ocean Ltd. and OmniScriptum S.R.L publishing group

120 High Road, East Finchley, London, N2 9ED, United Kingdom
Str. Armeneasca 28/1, office 1, Chisinau MD-2012, Republic of Moldova, Europe
Managing Directors: Ieva Konstantinova, Victoria Ursu
info@omniscriptum.com

Printed at: see last page
ISBN: 978-620-8-36968-2

ÍNDICE

RECONHECIMENTO

T. R. Sahu, ex-Reitor da Faculdade de Ciências da Vida e Presidente do Conselho de Estudos de Botânica da Universidade Central Dr. Hari Singh Gour, Sagar Madhya - Pradesh, pela sua valiosa sugestão e generosa ajuda durante todo o tempo do trabalho de investigação. Agradeço também ao Dr. Ravi Upadhya, Diretor do Departamento de Botânica do Govt. P. G. College Narmadapuram, Madhya-Pradesh, ao meu ex-Prof. V. K. Dua, Diretor do Departamento de Botânica do Government Penchvelly Post Graduate College Parasia District Chhindwara Madhya Pradesh.

Por último, os autores agradecem a todos os colegas e amigos que, direta ou indiretamente, nos apoiaram na realização e publicação do livro.

Dr. Omkar Bawistale

I. INTRODUÇÃO

A cordilheira de Satpura é uma cadeia de colinas no centro da Índia. A cordilheira nasce no leste do estado de Gujarat, perto da costa do Mar da Arábia, correndo para leste através de Maharashtra e Madhya Pradesh até Chhattisgarh. A cordilheira é paralela à cordilheira de Vindhya, a norte, e estas duas cordilheiras este-oeste dividem a planície indo-gangética do norte da Índia e do Paquistão do planalto de Deccan, a sul. O rio Narmada corre na depressão entre Satpura e drena a vertente norte da cordilheira de Satpura, correndo para oeste em direção ao Mar Arábico. O rio Tapti drena as vertentes meridionais da extremidade ocidental da cordilheira de Satpura. O rio Godavari e os seus afluentes drenam o planalto de Deccan, que se situa a sul da parte central e oriental da cordilheira, e o rio Mahanadi drena a parte mais oriental da cordilheira. Os rios Godavari e Mahanadi correm para a Baía de Bengala e, na sua extremidade oriental, a cordilheira de Satpura encontra-se com as colinas do planalto de Chota Nagpur.

O distrito de Chhindwara, situado em Satpura, no estado de Madhya-Pradesh, é pontilhado por florestas densas, vales profundos e quedas de água estrondosas. Muitos locais, como o vale de Tamia, Patalkot, Sillewani Ghat, as quedas de água de Kukdi khapa e Lilahi, proporcionam uma festa aos olhos dos visitantes. O distrito possui uma cultura fina e distinta. Embora o distrito não seja industrialmente muito avançado, tem indústrias gigantescas como a Raymond, a Hindustan Lever, etc. O distrito de Chhindwara também marcou a sua posição na história e no momento da liberdade.

O distrito de Chhindwara foi criado em 1st de novembro de 1956. Está localizado na região sudoeste da "Satpura Range of Mountains". Estende-se de 21^0 28' a 22^0 49' Deg. Norte (longitude) e 78^0 10' a 79^0 28'Deg. Este (latitude) e estende-se por uma área de 11 815 km2 . Este distrito é limitado pelas planícies do distrito de Nagpur (no Estado de Maharashtra) a sul, pelo distrito de

Hoshangabad e Narsinghpur a norte, pelo distrito de Betul a oeste e pelo distrito de Seoni a leste.

O distrito de Chhindwara ocupa a posição 10th em termos de área no estado de Madhya-Pradesh e ocupa 2,67% da área do estado. O distrito está dividido em nove Tahsils (Amarwara, Bicchua, Chhindwara, Chourai, Junnardeo, Pandurna, Parasia, Sausar e Tamia), 11th Blocos de desenvolvimento (Amarwara, Bicchua, Chourai, Chhindwara, Junnardeo, Pandurna, Parasia, Sausar, Harrai, Mohkhed e Tamia), oito Panchayats (Sausar, Newton chocki, Chandameta Butaria, Harrai, Mohgaon, Chourai e Lodhikheda). Até 2022.

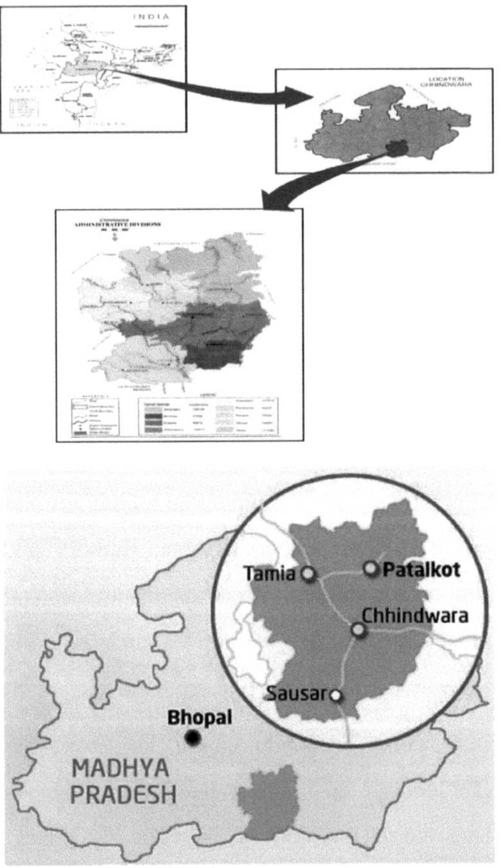

Mapa: Distrito de Chhindwara, Madhya-Pradesh, Índia

II. ÁREA DE ESTUDO

O distrito de Chhindwara, situado em Satpura, no estado de Madhya-Pradesh, é pontilhado por florestas densas, vales profundos e quedas de água estrondosas. Muitos locais, como o vale de Tamia, Patalkot, Sillewani Ghat, as quedas de água de Kukdi khapa e Lilahi, proporcionam uma festa aos olhos dos visitantes. O distrito possui uma cultura fina e distinta. Embora o distrito não seja industrialmente muito avançado, tem indústrias gigantescas como a Raymond, a Hindustan Lever, etc. O distrito de Chhindwara também marcou a sua posição na história e no momento da liberdade.

O distrito de Chhindwara foi criado em 1st de novembro de 1956. Está localizado na região sudoeste da "Satpura Range of Mountains". Estende-se de 21^0 28' a 22^0 49' Deg. Norte (longitude) e 78^0 10' a 79^0 28'Deg. Este (latitude) e estende-se por uma área de 11 815 km2 . Este distrito faz fronteira com as planícies do distrito de Nagpur (no Estado de Maharashtra) a Sul, com os distritos de Hoshangabad e Narsinghpur a Norte, com o distrito de Betul a Oeste e com o distrito de Seoni a Leste. O distrito de Chhindwara ocupa a posição 10th em termos de área no estado de Madhya-Pradesh e ocupa 2,67% da área do estado. Acredita-se que, em tempos, o distrito de Chhindwara estava repleto de árvores "Chhind" (tamareiras) e que o local recebeu o nome de 'Chhind'-'Wada' (Wada significa lugar). Há também outra história que conta que, devido à população de Leões (em hindi chama-se "Sinh"), considerou-se que entrar neste distrito é semelhante a passar pela entrada da toca dos Leões. Por isso, foi chamado "Sinh Dwara" (significa através da entrada do leão). Com o tempo, passou a chamar-se "Chhindwara".

Patalkot:

Patalkot", situada no bloco montanhoso "Tamia" do distrito de Chhindwara, adquiriu grande importância devido à sua beleza geográfica e paisagística. Patalkot é uma bela paisagem terrestre situada a uma profundidade de 1200-1500 pés num vale. Devido à grande profundidade a que se encontra, este local é batizado de "Patalkot" (Patal significa muito profundo, em sânscrito). Quando se olha para o local, situado no cimo do vale, o sítio tem a forma de uma ferradura de cavalo. As pessoas acreditam que é a entrada para "Patal". Acredita-se ainda que, depois de adorar o "Senhor Shiva", o príncipe "Meghnath" se dirigiu a Patal-lok apenas através deste local. As pessoas dizem que este local foi governado em 18th e 19th século e que havia um longo túnel que ligava este local a "Pachmarhi" no distrito de Hoshngabad. O local estende-se por uma área de 22,24° a 22,29° Norte. 78,43° a 78,50° Este. O local situa-se a uma distância de 62 km da sede do distrito, na direção Noroeste, e a 23 km de Tamia, na direção Nordeste. Patalkot estende-se por uma área de 79 km2, a uma altura média de 2750-3250 pés acima do nível médio do mar. O rio "Doodhi" corre no vale pitoresco. É um tesouro de riqueza florestal e herbácea. Existem 12 aldeias e 13 aldeias neste vale, o vale de Patalkot, que incluem Chimtipur, Jadmandal, Talabadla, Rated, Pachgol, Sahra, Harra-ka-Ghar, Ghatlinga, Gujja, Dongri, Gaildubba, Kareyam, Ghana, com uma população total de 2012 (1017 homens e 995 mulheres). A maior parte da população pertence às tribos "Bharia" e "Gond".

Tamia:

As colinas de Tamia ficam a cerca de 45 km de Chhindwara. As colinas íngremes, as florestas densas e os grandes ghats sinuosos tornaram Tamia num local de beleza e num local turístico. UMA CASA DE REPOUSO PWD. A casa de repouso está pitorescamente situada numa colina íngreme, com uma vista ampla sobre as florestas profundas e as cadeias montanhosas de Satpura, nomeadamente Mahadeo e Chaura Pahad. A vista da casa de repouso é notável pela sua paisagem natural em constante mudança, o que é inspirador para os visitantes deste local. O bungalow postal do governo, situado em Tamia, é um local agradável, uma vez que se situa numa zona montanhosa a 1 148 m de altitude acima do nível médio das águas do mar, rodeado por uma densa floresta. As cenas do nascer e do pôr do sol proporcionam uma experiência de cortar a respiração aos visitantes.

Pic: Tamia, distrito de Chhindwara

Pic: Patalkot, distrito de Chhindwara

Amarwada:

Amarwada situa-se a 22,3° N. 79. 17° E. Tem uma altitude média de 796 metros (2611 pés). Amarwada situa-se entre a montanha de Satpuda, confinada entre Dulha dev Ghati e Dhomka Ghati. É um mercado famoso de "Chronji" (Buchanania lanzan), um fruto seco que é fornecido a toda a Índia a partir daqui. Está situado entre Harrai e Chhindwara na estrada Narsinghpur-Chindwara, que é uma autoestrada estatal.

Chourai :

Chourai é um thasil e janpad pachyat do distrito de Chhindwara, em Madhya-Pradesh. A **latitude** de **Chaurai**, Madhya Pradesh, Índia é 22.053663, e a **longitude** é 79.248337. A barragem de Machagora fica a 15,2 km de Chourai. Shasthi Mata Mandir Kapurda está a 10,4 KM de Chourai.

Harrai:

Harrai é um Tehsil no distrito de Chhindwara do estado de Madhya Pradesh, na Índia. Pertence à Divisão de Jabalpur. Situa-se a 80 km a norte da sede do distrito de Chhindwara. É uma sede de Tehsil. É uma cidade e Nagar panchyat no distrito de Chhindwara, no estado indiano de Madhya-Pradesh. Harrai está situada a 22,62° N.79,22° E. Tem uma altitude média de 588 metros.

Chota Mahadev:

Situado a 32 milhas da estrada Chhindwara - Pachmari, o ambiente natural imperturbável deste local de retiro chama a atenção pelas colinas íngremes, grandes ghats sinuosos e florestas densas que, no seu conjunto, trabalharam de forma vibrante para fazer de Tamia um local de beleza e um local turístico desejado. No cimo da região montanhosa, uma casa de repouso da Divisão de Obras Públicas está pitorescamente instalada, o que realça a beleza da região. A zona é conhecida por uma bela gruta que se encontra a cerca de 1,5 km deste bungalow. A gruta alberga o sagrado "Shivling" (a divindade do Senhor Shiva) de "Chota Mahadev". Há uma cascata mesmo ao lado da gruta, o que contribui para a beleza da zona.

Bhura bhagat :

O Mahadev Mela é organizado todos os anos na ocasião do maha Shivratri. Pessoas de lugares distantes vêm a Chauragarh Pachmarhi para adorar Mahadev.

Há um ditado que diz que, antes de ir a Mahaev, é necessário atravessar Bhoora Bhagat (Chhindwara). Há uma história por detrás de Bhoora Bhagat. Diz-se que, desde a infância, Bhoora estava absorto na adoração do Senhor. Uma vez, durante o hino, ele entrou em 'Samadhi'. Vinte e quatro horas depois, o seu processo de meditação foi interrompido. Depois disso, renunciou à casa e absorveu-se na adoração do Senhor. De acordo com as lendas, durante a sadhana nas colinas de Chauragarh, ele viu Mahadev. A Mahadev, ele pediu a bênção de que eu deveria ficar em suas próprias pernas e poderia guiar as pessoas que vêm aqui. Os seus nomes estão presentes sob a forma de uma rocha no mosteiro. A estátua de São Bhoora Bhagat está situada num lugar onde se pode ver como se eles estivessem sentados como um porteiro no portão do Senhor Bholenath. Devido a isso, a feira também se enche aqui. Gulal, Vermilion, Kapoor, Kharak, Supari e grandes Trishools são oferecidos aqui.

Forte de Devgarh:

O Forte de Devgarh, em Chhindwada, é um forte histórico proeminente situado numa colina, equipado com um vale profundo coberto por uma densa floresta de reserva. Até ao século XVIII, Devgarh era conhecida por ser a capital do império "Gond" e era o centro de toda a glória e memórias douradas. Atualmente, apenas se encontram vestígios distorcidos de forma dispersa e os restos decapitados falam alto sobre o passado brilhante. As pessoas acreditam que existia uma passagem subterrânea secreta que ligava Devgarh a Nagpur. Entre os vestígios gloriosos do forte, há um lugar de tambor de gado chamado Nagarkhana, muralhas do forte destruídas e o que resta do Darbar Hall. No topo do forte, existe um reservatório curioso chamado "Mortitanka". O reflexo da arquitetura Mughal pode ser identificado no estilo do forte.

Cascata de Lilahi:

Ficará surpreendido com a beleza da cascata de Lilahi, situada a jusante do rio Kanhan. A bela cascata é agradável o suficiente para oferecer uma sensação calmante aos nervos extenuantes dos visitantes. Visite o local entre julho e janeiro para captar a beleza natural da região e a cascata crescente. A vista requintada da cascata rodeada por penhascos de montanha pode ser a melhor opção de turismo para os amantes da natureza.

Deogarh Fort Mohkhed, Chhindwara

Biosfera de Pachmarhi:

A Reserva da Biosfera de Pachmarhi situa-se entre a latitude 20°10' e 22°50' e a longitude 77° 45' e 78°56' E. e abrange três distritos civis do Estado: Hoshangabad, Betul e Chhindwara. A área total da Reserva da Biosfera é de 4926,28 km2 e inclui três unidades de conservação da vida selvagem, o Santuário de Bori (518,00 km2), o Parque Nacional de Satpura (524,37 km2) e o

Santuário de Pachmarhi (461,37 km2). O Parque Nacional de Satpura é designado como zona central e a restante área de 4501,19 km2, incluindo os santuários de Bori e Pachmarhi, constitui a zona tampão. A Reserva está maioritariamente coberta por floresta, fazendo parte da eco-região das florestas de folha caduca húmida das terras altas orientais. É uma importante zona de transição entre a floresta da Índia ocidental e oriental; a floresta é dominada pela teca (Tectona grandis), mas inclui os bosques mais ocidentais de sal (Shoera robusta), que é a árvore dominante da floresta da Índia oriental. Ao longo da margem oriental (margem direita) do rio Dudhi, para sul (a montante) até à aldeia de Mukunda, até à qual o rio constitui a fronteira interdistrital entre os distritos de Hoshangabad, Narsinghpur e Chhindwara, seguindo depois para sul (a montante) até ao distrito de Chhindwara, via Pindrai, Kosmi até Nagdaun, ao longo do mesmo rio, depois ao longo da fronteira ocidental da floresta de reserva de Gaildubba do distrito de Chhindwara até Sindhuli no planalto de Tamia, e de Sidhauli ao longo da estrada de pucca até Bijori, depois até Tamia, de Tamia ao longo da estrada de Kachha via Jhil Piaparia até Jamai. (Folha de Levantamento da Índia à escala 1:50.000, n.ºs 55 J/9, J/10, J/11, J/12). From Jamai in Chhindwara district westwards to Dongariya, Damua then northwards along Kanhan river and fair weather road to Batkakhapa, Harrai then westwards along footpath to Matiya on the boundary between Chhindwara and Betul, then along footpath to Imlikheda road in Betul, then along Cart tract to Narsinghpur, to Chopara and along pucca road westwards up to P. W. D. road (SH-23) em Shapur (folha Survey of India à escala 1:50, 000, n.ºs 55 F/16, F/15, F/14). Esta parte também está incluída na área de estudo.

Dongar Parasiya :

Dongar Parasia (Parasia), situada a 27 km de Chhindwara, a maior divisão e tehsil do distrito de Chhindwara em Madhya Pradesh. Os pontos importantes são Kosmi (Shri Hanuman Mandir), Tamia - um ponto de onde se pode ver mais de 100 km^2 de floresta a olho nu, Devrani Dai - um passeio de carro através de florestas e campos imaculados. Parasia é conhecida como a "Cintura das Minas de Carvão". Existiam 24 minas nesta área, das quais 20 ainda estão a funcionar.

Bichhua :

A cordilheira de Bichhua pertence à divisão florestal sul, que se situa entre 21?37? e 21?52? N e na faixa de longitude de 78?59? a 79?15? E. Situa-se no distrito de Chhindwara de Madhya Pradesh. A cordilheira de Bichhua cobre 45% do bloco de desenvolvimento de Bichhua do tehsil de Sausar. A área abrangida é de 360 k m 2 . O bloco tem 147 aldeias que, na sua maioria, estão cobertas por rocha basáltica Deccan Trap. O objetivo do exercício é monitorizar e registar dados, bem como ter uma compreensão sistemática da base de recursos florestais na área. Foi efectuada a cartografia e a monitorização do coberto florestal para uma gestão eficaz da cordilheira de Bichhua ao longo do rio Pench. **Floresta** A extensão da floresta em 1992 foi interpretada a partir do diapositivo landsat-TM e é apresentada no Mapa 2. A floresta total foi classificada em duas categorias - floresta densa e floresta degradada. Com exceção de algumas manchas isoladas, a floresta densa está restrita às partes oriental e ocidental da área de distribuição. A floresta degradada ocorre tanto nas zonas de floresta densa como em zonas próximas de outras categorias de utilização do solo. A exposição de areia foi demarcada para se ter uma ideia do recuo pré-monção do limite de água da albufeira. A partir daí, calculou-se que 40% da albufeira fica sem água durante os meses de verão. Ao longo de toda a albufeira, para além da areia, a floresta está em grande parte degradada devido ao facto de o crescimento das árvores ser dificultado pelas condições do lençol freático próximo da superfície. **A zona tampão** inclui florestas reservadas e protegidas e a área de rendimento dos blocos de Chaurai e Bichchua do distrito de Chindwara. A área florestal das divisões de South Seoni, East Chindwara e South Chindwara foi incluída na zona tampão da reserva do tigre de Pench. Esta zona será designada por zona-tampão da reserva do tigre de Pench.

III. DADOS BIOGRÁFICOS DA FLORESTA E TIPO DE VEGETAÇÃO GERAL

Existe uma uniformidade considerável na biota florestal em todo o distrito de Chhindwara, uma vez que toda a floresta se insere na zona caducifólia. No entanto, as variações devem-se à formação das rochas subjacentes e às alterações edáficas, principalmente duas formações e alterações edáficas. Não existem duas formações principais neste distrito, nomeadamente

A árvore mais caraterística que ocorre em toda a área:
Terminalia alata Tactona grandis
Lagerstroemina parivflora
A floresta em arenito era constituída principalmente por espécies como:
Sterculia urens Aegle marmelos
Lennea coromandelica
As espécies arbóreas do basalto incluem:
Madhuca longifolia
Anogeissus latifolia como dominante

Nas zonas xéricas das colinas e das planícies habitam Anogeissus pendula e Acacia catechu, respetivamente, de forma mais ou menos pura. Devido ao corte excessivo e a outras influências bióticas, a floresta estreitou-se densamente, resultando em lacunas nos prados florestais. Nestas bolsas habitam ervas daninhas juntamente com outras gramíneas. Os habitats ripários são dominados por Syzygium heyneanum, Terminalia arjuna e outros arbustos como Vitex negundo.

As poças e valas temporárias são bastante comuns durante a estação das chuvas e duram quatro a três meses. As plantas anfíbias são comuns nestas poças muito pouco profundas. Os habitats do tipo savana, com prados extensos e algumas espécies arbóreas esparsamente distribuídas, são, no entanto, menos frequentes e albergam animais selvagens como o veado-mateiro, o corço preto, o urso selvagem, o chink, o Nilgiri ete. As massas de água rodeadas de vegetação são muito raras. As visitas de aves migratórias também não são comuns nestes habitats.

Em termos gerais, a vegetação da zona pode ser classificada em duas categorias, como se segue:

Vegetação florestal Vegetação sazonal

Vegetação florestal:

A vegetação florestal do distrito de Chhindwara pode ser classificada como tropical decídua seca de teca, mista, de tipo sal, com base na classificação dada por **Champion e Seth (1964);** a classificação da floresta pode ser classificada do seguinte modo

Floresta tropical caducifólia de teca Floresta tropical caducifólia mista Floresta tropical caducifólia de sal peninsukar
No distrito, a floresta foi dividida em dois grupos: Floresta de reserva
Floresta protegida
As florestas de reserva e as florestas protegidas são heterogéneas em termos de composição, qualidade, densidade e fisionomia devido à ondulação, topografia, variação da profundidade do solo e intensidade dos factores bióticos. As espécies mais frequentemente registadas nestas florestas são as seguintes

Geologia e solos:

Do ponto de vista geográfico, o distrito de Chhindwara pode ser dividido em três regiões principais

1] As planícies da região próxima de Nagpur, incluindo os Tahsils Sausar e Pandurna.

2] A região central, que inclui Chhindwara, partes meridionais das regiões de Amarwara e partes setentrionais da região de Sausar. Esta região é também conhecida como a região montanhosa de Satpura. 3] A terceira região é maioritariamente constituída por terrenos montanhosos. Existem cinco rios principais que atravessam o distrito, nomeadamente Kanhan, Pench, Kulbehera, Shakkar e Doodhi. O rio Kanhan corre na direção sul através das partes ocidentais de Chhindwara Tahsils e mistura-se com o rio Wenganga. O rio Jam corre principalmente na região de Sausar e junta-se ao rio Kanhan. O rio Pench corre nas zonas fronteiriças dos distritos de Chhindwara e Seoni e mistura-se com o rio Kanhan no distrito de Nagpur. O rio Kulbehra nasce em Umreth e corre através de Chhindwara e Mohkhed, juntando-se ao rio Pench.

Geograficamente, na parte sul de Madhya - Pradesh, situada no distrito de Chhindwara. O distrito de Chhindwara está rodeado por Hoshngabad Norte, distrito de Narsinghpur, Amarawati Sul, distrito de Nagpur, distrito de Betul Oeste e distrito de Seoni Leste e Balaghat. Os principais rios do distrito são Dudhi, Denewa, Tawa, Shakker, Sita, Reva, Pench, Kulbehra, Bel, Tel, Kanhan e Jam. Estes rios e os seus afluentes marcam ao longo desta divisão um sistema reticulado de interligação. O distrito de Chhindwara abrange nove locais Tahsil, nomeadamente Amarwara, Bichua, Chhindwara, Chorai, Junardeo, Pandurna, Parasia, Sausar e Tamia. O solo é comum, mas o dia arenoso também está em abundância. Os detalhes da química e da matéria mineral do solo também serão explorados.

Clima:

O clima do distrito de Chhindwara é relativamente moderado e seco, exceto na estação das monções. Indicando um ritmo sazonal do tempo. O ano pode ser dividido em quatro estações principais. O período de março a meados de junho é a estação do verão. A estação das monções do sudoeste, que se segue ao verão, prolonga-se até ao final de setembro, outubro e novembro constituem a estação pós-monção. O distrito de Chhindwara situa-se no planalto de Satpura, onde os extremos de temperatura não são muito acentuados e o clima em geral é agradável. Mesmo durante os meses de abril a junho, os dias são quentes, mas as noites são moderadamente frescas. Durante o inverno, o orvalho intenso é frequente, o que favorece as colheitas. A maior parte das terras do distrito é ocupada por florestas. Partes do Parque Nacional de Pench também pertencem à área florestal do distrito entre as partes restantes da terra, a utilização máxima é para o cultivo.

Temperatura:

A temperatura do distrito de Chhindwara é considerada quente, com uma média mensal de temperatura máxima de 40,22^0 C no verão, enquanto a mínima desce para 9,8^0 C no inverno.

Queda de chuva:

Em Chhindwara, a precipitação média mensal da monção é de 308,25 mm, no máximo, de julho a agosto e de 2,75 mm, no mínimo, de janeiro a fevereiro.

Humidade:

A humidade relativa média mensal é mais elevada no mês de agosto 91,55% e é mais baixa no pico de abril 64,71% .

IV. MATERIAL E MÉTODO

Método de campo e de herbário:

A presente descrição taxonómica das pteridófitas do distrito de Chhindwara, Madhya-Pradesh, baseia-se num levantamento de campo extensivo e sistemático e na recolha regular de amostras de pteridófitas de várias localidades (exploradas/não exploradas), incluindo vários habitats da zona. Estas áreas foram minuciosamente visitadas e analisadas peridodicamente durante 2008-2010. São apresentados pormenores da visita de campo com nome local, distribuição, utilizações e números de espécies examinadas.

Pormenor dos trabalhos de campo:

A fonte de material para este trabalho é a coleção de campo extensiva e intensiva de espécimes feita na área de estudo durante o período 2008-2010. A maior parte da exploração dc campo foi feita após a estação das chuvas nos meses de setembro a novembro (2008-2010). Durante este período foram recolhidos mais de mil números de campo. As espécies terrestres, epífitas, trepadeiras e litófitas possuem geralmente rizomas rastejantes que foram recolhidos juntamente com folhas vegetativas e férteis. Também foram registadas as árvores comumente associadas e as árvores hospedeiras.

Preparação de espécimes de herbário:

Durante o período de levantamento e recolha no terreno, cada espécime recolhido foi marcado com um número de campo, tendo sido feitas notas de campo relevantes no local, anotando caraterísticas interessantes e de diagnóstico (hábito e forma, tamanho das frondes, cores das escamas, se presentes, natureza dos rizomas, posição dos soros) da planta, nome da localidade e dados da recolha. Os fungos ou insectos, devido à presença de ácido fenólico nas suas frondes, normalmente não danificam as pteridófitas, pelo que podem ser facilmente preservadas e mantidas. Os espécimes foram passados em folhas de mata-borrão e mantidos durante 24-48 horas. As lamelas devem ser trocadas diariamente, geralmente ao sol, à medida que os espécimes secam. As frondes foram colocadas na folha de modo a que tanto a superfície adaxial como a abaxial fossem visíveis. Os espécimes secos foram envenenados numa solução saturada de cloreto de mercúrio e álcool. Os espécimes envenenados foram novamente mantidos durante uma noite entre folhas de mata-borrão para secagem completa e, finalmente, esses espécimes estão prontos para serem montados em folhas de herbário. O caule grosso, as riscas, as frondes e o rizoma foram frequentemente atados à folha com fita adesiva branca e a parte inferior da folha coberta com fita de papel gomado, de modo a que não se possa misturar com outros espécimes. No canto inferior direito das folhas de herbário foi colocado um número de campo com vários dados, como o nome da família, dados de recolha, localidade, altitude, caraterísticas, distribuição, nome dos colectores, etc. As folhas de herbário foram depositadas no Herbário do Departamento de Botânica, Dr. Hari Singh Gour Vishwavidyalaya, Sagar. Madhya-Pradesh, Índia.

Identificação:

Todos os espécimes foram identificados de forma crítica com a ajuda da literatura disponível, do estudo das partes da planta como escamas, esporos, pêlos e veias ao microscópio e foram posteriormente determinados em vários herbários indianos. Todas as espécies identificadas foram classificadas e organizadas num sistema de classificação.

Consulta de espécimes de herbário depositados em vários herbários da Índia (espécimes examinados):

Os espécimes recolhidos em várias localidades encontram-se em vários herbários indianos, nomeadamente no Herbário do Departamento de Botânica, e foram listados de forma crítica juntamente com o nome botânico, o nome local, a família, o número de acesso, a localidade, as caraterísticas específicas, a distribuição e o nome dos colectores, etc.

Consulta da literatura:

Durante o período de literatura pteridófila relacionada com o trabalho foram consultadas mais de cem referências.

Documentação de taxa raros e ameaçados de extinção:

Do ponto de vista da conservação, os taxa de espécies ameaçadas de pteridófitas foram elaborados com base na observação no terreno e na consulta de herbários. Foi elaborada uma lista de taxa, juntamente com o registo do seu estado até à data, durante o período. O estado de distribuição de cada espécie, em termos de abundância e de susto, foi cuidadosamente registado.

Informações sobre as pteridófitas tradicionais, indígenas, etnobotânicas e utilizadas com lontra:

Durante o curso do inquérito e da visita de recolha, observou-se exclusivamente que algumas espécies de pteridopitecos são amplamente utilizadas e vendidas pelas comunidades tribais locais para vários tratamentos, como febre, epilepsia, lepra, dores de estômago, distúrbios gastrointestinais, erradicação de vermes em crianças e doenças venéreas. A informação recolhida foi verificada através de uma verificação cruzada com praticantes de fitoterapia tribal de vários grupos étnicos, através de entrevistas, discussões, contactos pessoais e observação contínua. Os pormenores da planta (por exemplo, nome local, partes utilizadas, modo de utilização e método de recolha) foram anotados. No presente relatório, as pteridófitas são classificadas em várias categorias ecológicas com base no seu hábito e habitat. As espécies económica e medicinalmente úteis que crescem dentro dos limites políticos do distrito de Chhindwara são aqui enumeradas.

Fotografias:

Em anexo, estão algumas imagens importantes.

1. LYCOPODIACEAE

Palhinhaea (Linn.) Franco. & Vasc.

Palhinhaea cernua (Linn.) Franco & Vasc. in Vasc. e Franco in Bio. Soc. Broter. Ser. 2. 41:25, 1967. Lycopodium cernum Linn., Sp. Pl. 2:1103. 1753; Graham in J. Bomb. Nat. Hist. Soc. 23(2):501. 1915.

Planta terrestre. Folhas amontoadas, lineares, de 3-5 mm de comprimento, com ápice agudo-ascendente, subuladas, margens fortemente revolutas, subcoriáceas, de cor verde pálido a acastanhado. Estróbilos sésseis nas extremidades dos ramos. Esporofilos ascendentes, verde-esbranquiçados, ciliados nas margens.

Nome local: Runi

Utilizações: Tosse e erupção cutânea

Distribuição: Raro na área de estudo.

Espécime examinado: O. B. 1105, Sirjot. Ghatlinga, Patalkot, Tamia

2. SELAGINELLACEAE

Selaginella P.Beauv.

1a. Folhas dispostas em espiral; isomorfo **S. indica**

1b. Folhas dispostas em quatro filas; hetromórficas:

2a. Planta xerófita:

3a. Folhas hetromórficas em todo o caule - S. **repanda 3b.** Folhas isomórficas no caule do homem:

4a. Esporos sem perisporos---S. **bryopteris**

4b. Esporos com perisporo **S. involvens**

2b. Planta não xerófita:

3a. Esporofilos não ciliados **S. jainni**

3b. Esporos ciliados **de S. ciliaris**

Selaginella bryopteris (Linn.) Baker em J. Bot 22:376. 1884. Lycopodium bryopteris Linn., Sp. Pl. 2:1103; 1753. Selaginella rupestris sensu Graham in J. Bomb. Nat. Hist. Soc. 23(2):501.1915.

Plantas xerófitas, 10-25 cm de altura. Folhas isomórficas no caule principal, dimórficas nos ramos; folhas isomórficas distantes, ovadas, lanceoladas, longamente acuminadas, denticuladas; folhas heteromórficas contíguas; folhas laterais ovadas, obrigadas na base. Estróbilos raros. Esporofilos uniformes, ovados, inteiros a minuciosamente denticulados, acuminados.

Nome local: Sanjiwani, Sher ka panja.

Utilizações: Dor de dentes, diurético, gonorreia

Distribuição: Cresce em locais húmidos e sombrios.

Espécime examinado: O. B. 1105, Sirjot, Ghatlinga, Patalkot,

Selaginella ciliaris (Retz.) Spring in Bull. Acad. Brux. 10:23. 1843. Lycopodium ciliare Retz, Obs. 5:32. 1789; Panigr. e Dixit em Proc. Nat. Inst.

Sci. 35 B (3):195. 1969.

Plantas pequenas; 2-10 cm, prostradas. Folhas hertromórficas, membranosas, geralmente verde-brilhantes, cordadas, ciliadas na base, na face proxiamal. Estróbilos copiosos, simples a duplos. Esporofilos dimórficos, ciliados.

Nome local : Choti sanjuwani

Utilizações: Dores de dentes, Eczema e sarna

Distribuição: Raro na zona de campo.

Espécime examinado: O.B 1173, Harrai

Selaginella indica (Milde) Trayon em Anal. Miss. Bot. Gard. 42:52, f., 27. 1955. Selaginella rupestris f. indica Milde in Fil. Eur. Atlant. 262.1867.

Plantas xerófitas; caules com 10-25 cm. de altura. Folhas dispostas em espiral, isomórficas; rizóforo fibroso, longo, presente em quase toda a planta. Folhas mais ou menos isomórficas, longas, triangulares, adnatas, subuladas, coriáceas, ciliadas. Estróbilos glandulares. Esporofilos uniformes, ovados, agudos, dentado-ciliados na base.

Nome local : Mardjadi.

Utilizações: Ação antiviral, infertilidade

Distribuição: Raro na zona de campo Chhindwara

Espécime examinado: 735 O.B. Gaildubba,Patalkot Tamia

Selaginella involvens (Sw.) Spring in Bull. Acad. Brux. 10:136.1843. Lycopodium involvens Sw., Syn. Fil. 182.186. Selaginella caulescens (Wall. ex Hook. et. Grev.) Spring in Bull. Acad. Sci. Brux. 10:37. 1883.

Plantas xerófitas; caule 15-50 cm. Folhas isomórficas e distantes no caule principal, ovadas, castanho-esverdeadas, dimórficas no ramo. Estróbilos quadrangulares. Esporofilos uniformes, ovados, agudos, denticulados.

Nome local : Somani

Utilizações: Pasta de folhas aplicada como amenorreia **Distribuição**: Comum em zonas de campo à beira da estrada. **Espécime examinado:** B.O. 963, Talabdhana, Tamia

Selaginella jainni Dixit in Bull. Bot. Surv. Ind. 25: 225 t. 1, f. 2. 1983. Planta não xerófita; caule de 2-4 cm, ereto, fino, bruno-rosado. Folhas hetromórficas, contíguas, verde-acastanhadas, membranosas, folhas laterais ovado-oblongas; folhas medianas pequenas, ovadas, serrilhadas, cordadas, subagudas. Esporofilos dimórficos, dentados, os grandes ovado-oblongos,

Nome local: Sanjiwani

Utilizações: Planta utilizada como menstruação irregular

Distribuição: Raro na área de campo

Espécime examinado: O.B. 1020, Partapur, Tamia

Selaginella repanda (Desv. ex Poir.) Spring in Guad. Voy. Bon. Bot. 1:329. 1846. Lycopodium repandum Desv. ex Poir. in Lamk. Encycl. Suppl. 3:558. 1814. Planta não xerófita, caule 5-25 cm, suberecto. Folhas heteromórficas, contíguas, secando castanhas com a idade, folhas laterais espalhadas, ovadas subfaciadas, ciliadas na base, folhas medianas ovadas, imbricadas, cordadas ciliadas na base. Estróbilos tetragonais. Esporopilos uniformes, ovados e acuminados.

Nome local: Saniwani **Usos:** Febre, dor no peito **Distribuição**: Rara
Espécime examinado: O.B 1070, Ghana kodiya, Patalkot, Tamia

3. ISOETACEAE

Isoetes Linn.

1a. Megasporos polimórficos de **I. unilocularis**

1b. Megasporos dimórficos **I. coromandelina**

Isoetes coromandelina Linn. f. in. Suppl. Pl. Syst. Veg. ed. II: 447. 1781. Isoetes coromandelina var. raipurensis Unni in J. Bomb. Nat. Hist. Soc. 64: 590.1967.

Planta aquática ou semi - terrestre. Folhas longas, velum ausente; megasporângios circulares a ovais; megásporos brancos quando secos, cinzentos quando húmidos, dimórficos; superfície tuberculada, extremidades dos tubérculos rombas e arredondadas, micrósporos de cor vermelho-acastanhada, lisos ou rugosos a papilados.

Nome local: Jangli lahsun

Utilizações: A pasta de plantas é utilizada para curar o reumatismo em jadu tona

Distribuição: Ocasional em patalkot.

Espécime examinado: O.B. 789, Chota Mahadeo, Tamia

Isoetes unilocularis J. E. Smith in Ress, Cyclopaedia 19:150 1819. Isotes indica Pant e Srivastava in Proc. Natn. Inst. Sci. India.

Planta aquática semi-aquática. folhas 50-55 cm, nº de folhas 9-35 velum ausente. megasporângios polimórficos megasporos brancos quando secos cinzentos. Micrósporos brancos, dimórficos bilaterais ou tetraédricos 15-50 diâmetro.

Nome local: Jangli lahsun Distribuição: raro na zona de campo
Utilizações: Eczema, os esporos são utilizados para evitar os maus espíritos

Espécime examinado: O.B. 1174; Surlakhapa, Harrai

4. EQUISETACEAE

Equisetum Linn.

Equisetum diffusum D. Don, Prod. Fl. Nepal 19. 1825; Deb e Dutta in Journ. Bombay Nat. Hist. Soc. 68 (3): 580.1972. Plantas pequenas, caule com 30-40 cm de comprimento, ereto, caules estéreis e férteis igualmente curtos e firmes, difusos; ramificações 5-6 em cada nó em verticilo; entrenós com 2-4 cm, estriados, bainhas soltas com 1 cm de comprimento, linear- lanceoladas. Estróbilo pedunculado com 1-2 cm de comprimento, oblongo-cilíndrico.

Nome local: Mardjadi, hatjod

Distribuição: Em todo o lado, nos locais arenosos e alagados.

Usado: Fratura dos ossos problemas renais

Espécime examinado: O.B. 1384. Chota Mahadeo, Tamia

Equisetum ramossissimum Desf. Fl. Atlant. 2:398. 1800; Milde, Mon. t. 24. 1867. Bark Handb. Fern Allies 4:1887. Equisetum elongtum var. malabaricum Miled, Verh zod. Bot. Ges. Wien 13, 243, 1863 et in Mono. 440 1867.

Rizoma profundo, áspero, castanho escuro, caule com 20-160 cm de altura, áspero com geralmente 2-3 ramos por nó que persistem ao longo do ano. Estróbilo amarelo a preto obtuso até 17 mm de comprimento, 7 mm de largura.

Nome local: Jadod, Hatjod

Distribuição: Raro

Usado: Fratura dos ossos problemas renais, doenças do estômago **Espécime examinado**: O.B. 964 Ghana kodiya, Patalkot, Tamia

5. PSILOTACEAE

Psilotum Sw.

Psilotum nudum (Linn.) Pal. Beauv., Prod. Fam. Aetheog. 112. 1805; Deb. & Dutta in Journ. Bombay Nat. Hist. Soc. 68(3):581. 1972; Tagawa & K. Iwats. in Fl. Thailand 3(1):5. 1979; De Vol in Fl. Taiwan 1:25. Pl. 1. f. 1-4. 1980; Das et al., in Plant Sci. Res. 11(1):13. 1989; Kramer in Kramer & Green, Fam. Gen. Vasc. Pl. 1:24, 25. 1990.

Caule subterrâneo rastejante, dicotomicamente muito ramificado e com gemas e infestado de micorrizas; com rizóides castanhos e densos. Folhas com apêndices laterais semelhantes a escamas, com 1 mm de comprimento, escamosas, dispostas em espiral, em forma de furador, nervura central ausente, dispersa. Esporângios glabros, sésseis sobre ou acima da base de esporofilos bifurcados, em ramos laterais curtos, verdes globosos, tornando-se amarelos quando maduros. Esporos numerosos, homosporados, pequenos.

Nome local : Bhulbhari. **Distribuição**: Endémica na área de campo.
Utilizações: A planta é usada como tónico de força
Espécime examinado: O.B. 1265. Sirjot, Ghatlinga, Patalkot,

6. BOTRYCHIACEAE

Botrychiaum Sw.

Botrychium lanuginosum Wall ex Hook. et. Grev. in Icon. Fil.

1. t. 79. 1831. Botrychium virginianum (Linn.) Sw. var. Launginosum (Wall. ex. Hook. Grev.) Bedd., Handb. Ferns Brit. Ind. 471. t. 295. 1883; Tiwar I J. India Bot. Soc. 43(3) : 433.1964.

Planta com 30-40 cm de altura, pedúnculo com 10-25 cm; lâmina deltoide, quadripinnatificada com as últimas divisões obtusas ou agudas; segmentos férteis surgindo lateralmente acima da base e da ráquis da barda estéril; lâmina fértil com 5-10 cm de comprimento, paniculada.

Nome local: Jangli jadi

Distribuição: Comum em locais húmidos

Utilizações: Vulnerária e também usada para disenteria

Espécime examinado: O.B. 969, Batkakhapa, Amarwara

7. OPHIOGLOSSACEAE

Ophioglossum Linn.

1a. Tropófilo linear de **O. granineum**

1b. Tropófilo não linear **O. nudicaule**

Ophioglossum granineum Willd.in Nov. Act. Acad. Erf. 2:18,

t. 1. f. 1. 1802. Bedd. Handb. Ferns. Brit. India. Suppl. 108. 1892;

Panigr. e Dixit em Proc. Nat. Inst. Sci. India 35B(3) :250. F. 40-41, 93, 1969. Ervas terrestres, plantas, 3-10 cm de altura; rizoma com 1-3 frondes em simultâneo. caule com 1-3 cm de comprimento linear- lanceolado, atenulado na base subcoriáceo. Talo fértil com 2-4 cm de comprimento. Estróbilos com 1-2,5 cm

Nome local: Jangli Palak

Distribuição: Raro

Utilizações: Queda de cabelo, folhas utilizadas como artesanato e culto.

Espécime examinado: O.B. 1006 Gaildubba, Patalkot, Tamia

Ophioglossum nudicaule Linn. f. var. macrorrhizum (Kunze) Clausen in Mem. Torrey Bot. Cluib. 19(2); 150. 1938; Panigr e Dixit in Proc. Nat. Inst. Sci 35B(3):254, f. 53. 102. 103, 1969.

Plantas delgadas, rizoma subgloboso. Pedúnculo comum 1-4 cm tropofilo ovado, cordado apiculado ou obtuso, coráceo. Pedúnculo fértil com 2-4 cm de comprimento, estróbulo com 1-2 cm.

Nome local: Jangli palak

Utilizações: Tónico usado como vulnerário e como remédio para feridas.

Distribuição: Raro

Espécime examinado: O.B. 1095, Harrakachar, Patalkot

8. ANGIOPTERIDACEAC

Angiopteris Hoffm.

Angiopteris evecta (Forst.) Hoffm. Comm. Soc. Reg. Cott. 12:29. t. 5. 1796; Tiwari in J. India Bot. Soc. 43(3):433. 1964; Dixit e Panigr em Bull. Bot. Surv. India 11 (3&4): 368.1969.

Ereto, curto, cilíndrico. Estipes com 1-1,5 m de comprimento, verdes, escamosos e peludos; escamas castanhas; ráquis esparsamente escamosa e peluda como os estipes. Lâmina 2 - pinada, de cor taxada a sub-coriácea, glabra; nervuras simples, livres, bifurcadas. Sori curto e submarginal. Esporos tetraédricos, amarelados, castanhos.

Nome local: Gondi.

Distribuição: Comum em terrenos terrestres nas colinas ao longo das bermas das estradas.

Utilizações: Plantas utilizadas na iterícia e na malária

Espécime examinado: O.B. 798 Choth Mahadeo.

9. OSMUNDACEAE

Osmunda Linn.

Osmunda regalis Linn. Sp. Pl. 2:1065. 1753; Tiwari in J. Indian Bot. Soc.43 (3): 433. 1964; Panigr. e Dixit em J. Indian Bot. Soc. 48 (1-2): 95, f., 5-9 1969.

Rizoma ereto a semi-ereto. Folhas em tufos, com 30 a 150 cm de comprimento; estipes com 20 a 50 cm de comprimento, erectos, nus; lâmina bipinada. Pínulas férteis terminais; pínulas estéreis pouco pedunculadas, verde pálido a verde escuro, oblongo-lanceoladas, cuneadas na base, agudas no ápice. Pínulas férteis com grupos de esporângios castanho-escuros quando maduros.

Nome local:

Distribuição: Planta que cresce entre rochas

Utilizações: A planta inteira é utilizada para o tratamento do reumatismo.

Espécime examinado: O.B. 581, Tamia.

10. DICRANOPTRIDACEAE

Dicranopteris Bernh.

Dicranopteris linearis (Burm. f.) Underw. in Bull Torrey Bot. Club 34:250. 1907; Tiwari in J. Indian Bot. Soc. 43(3):343. 1964. Polypodium linearis Burm., f., Fl. Ind. 235, t. 67. f., 2:1768. Gleichenia linearis (Burm.f,) Clarke em Trans. Linn. Soc. Lond. II, Bot. 1:428. 1880; Mooney em Indian For. Rec. 3(7) 247.1942.

Terrestre, rizomas largos rastejantes. Frondes grandes, formando moitas; estipe não articulado, longo, robusto, castanho; pinas finais lanceoladas, gradualmente acuminadas, base desigual, base acroscópica cuneada e menos desenvolvida. Soros arredondados, dorsais, exindusiatos, sub-basais a meidanos. Esporos com superfície lisa e granulada.

Nome local: Rajhans

Distribuição: Comum em rochas com pouco húmus ou em solos aluviais rochosos.

Utilizações: Eliminar a esterilidade nas mulheres, triturando-as com leite.

Espécimes examinados: O.B.556, Markawada, Amarwada

11. ACTINIOPTERIDACEAE

Actinopteris Ligação

Actinopteris radiata (Sw.) Link, Fill .Sp.80.1841. Asplenium radiatum Sw. in Schrad. J. Bot. 1800 (2):50.1801. Actinopteris dichotoma Kuhn in Bot. Zeit 504. 1871; Tiwari in J. Indian Bot. Soc.43(3): 434:1964. Xerófita, rizoma ereto, revestido de escamas. Caules tufados de 5-18 cm, erectos. Lanima palmate, fan-like compreendendo muitos segmentos dicotómicos, coriáceos, bordos inflexionados na secagem, ápice tooted; Sori copious cobrindo toda a superfície inferior.

Nome local: Morpankhi, Mayur-sikha

Utilizações: Ginecológico e tuberculose

Distribuição: Plantas xerófilas, que crescem nos flancos das rochas.

Espécime examinado: O.B. 05, Amarwada.

12. PTERIDACACEAE PTERIS L.

1a. Rizoma curto, ereto **P. cretica**

1b. Rizoma rasteiro de **P. vittata**

Pteris cretica L., Mant. Pl .130.1767; Bedd., Handb. Ferns Brit. India Suppl. 106. 1892; Panigr. in Bull. Bot. Surv. Índia 2:312. 1960.

Rizoma curto e rastejante. Frondes estreitamente originadas, pinadas, dimórficas; estipes com 30-70 cm de comprimento, castanho-escuro na base, lisas. Lamina 30-40 cm de comprimento; pinas, sésseis, subopostas, sésseis, linear-lanceoladas, inteiras, nervuras proeminentes. Sori marginal, alongado, indúsio espesso, branco pálido. Esporos castanhos.

Nome local: Choti jadi

Distribuição: Comum em cortes de estrada.

Utilizações: Planta utilizada para irregularidades do ciclo menstrual

Espécime examinado: O.B.738, Chimtipur, Patalkot, Tamia.

Pteris vitata L., Sp. Pl. 2:1074. 1753; Holt., Rev. Fl. Malaya 2:396. f. 230. f., 230. 1995; Panigr. in Bull. Bot. Surv. India 2:312. 1960.

Rizoma curto, ereto a sub ereto, revestido de escamas concolores. Frondes 20-100 cm. Pinnae 1-5 cm cuneiforme a cordada na base, ligeiramente dilatada no lado proximal, acuminada no ápice; veias distintas em ambas as superfícies, livres, exceto quando unidas pelo sorus. Soros marginais, contínuos da base até perto do ápice; alguns pares de pinas reduzidos nas partes basais; pinas férteis linear-lanceoladas.

Nome local: Jangli chind

Distribuição: Cresce em fendas de rochas com solo arenoso.

Utilizações: Planta utilizada para cicatrização de feridas

Espécime examinado: O.B. 231, Chimtipur, Patalkot, Tamia

13. ADIANTACECAE

Adiantum Linn.

1a. Sori marginal, longo e alongado **A. philippense**

1b. Sori arredondado **A. capillus-veneris**

Adiantum capillus-veneris Linn., Sp. Pl. 2:1096. 1753; Tiwari in J. Indian Bot. Soc. 43(3):435. 1964. Rizoma rastejante; estipes de 5-10 cm, pendentes, sub-erectos, fibrosos, pretos brilhantes, glabros. Frondes bipinadas com folíolos curtos terminais e pinas laterais erectopatentes; segmentos cuneados na base, arredondados na borda externa, profundamente fendidos. Soros arredondados a obreniformes, situados em sinuosidades arredondadas das criações.

Nome local: Hansraj

Distribuição: Comum em toda a área de campo.

Utilizações: Planta utilizada para aliviar a tosse, a febre e a asma

Espécime examinado: O.B. 591, Gaildubba. Patalkot, Tamia

Adiantum philippense Linn., Sp. Pl. 2:1094. 1753; Tiwari in J. Indian Bot. Soc. 43 (3):435. 1964. Adintum lunulatum Burm. f., Fl. Ind. 235. 1768; Moony in India For. Rec. 2(7): 247. 1942. Rizomas erectos, basifixos, subulados-lineares, longos acuminados, negro-acastanhados escuros. Fonds tufados, 10-50 cm. Estípulas com 5-20 cm de comprimento, glabras, paleáceas na base quando jovens. Pinas alternas, 5-15 pares, base cuniculada, dicotomicamente ramificadas. Soros marginais, longos e alongados, indúsio das galhas espesso, inteiro castanho-escuro; esporos tetraadirais, castanho-escuros.

Nome local: Hamsapadi

Distribuição: Comum nas fendas das rochas ao longo das bermas das estradas; frequente.

Utilizações: Dores musculares, paralisia

Espécime examinado: O.B. 1225, Rathed, Patalkot

14. PARKERIACEAE

Ceratopteris Ad. Brongn.

Ceratopteris thalictroides (Linn.) Ad. Brong. in Bull. Sci. Philom. Paris 1821:186. 1822; Tiwari in J. India. Bot. Soc. 43(3) 435. 1964 Acrostichum thalictrodes L., Sp. Pl. 2:1070. 1753. Ceratopteris siliquosa (L.) Copel. em Philip. J. Sci. 56:107. 1935; Subr. e Hery in Bull. Bot. Surv. India 8:209. 1966.

Planta de água doce, dimórfica, verde, estipes carnudos com raízes a intervalos, copiosamente, ramificadas a partir da base; frondes estéreis pinadas; férteis encontradas bi-tripinadas com segmentos lineares tristes. As cópias de soros em toda a superfície inferior protegidas por margens refluxadas.

Nome local: Hatjod

Distribuição: Raro

Utilizações: A planta é utilizada para eliminar a esterilidade nas mulheres
Espécime examinado: O.B. 1079, Ghana Kodiya, Patalkot, Tamia

15. MARSILEACEAE

Marsilea Linn.

Marsilea minuta Linn. Mant. Pl. 308. 1771. Marsilea quadrifolia sensu Subr. & Henry in Bull. Bot Surv. India 8:209. 1966.

Rizoma rasteiro largo, enraizando-se na lama. Frondes erectas; o comprimento do estipe depende da profundidade da água. Folíolos 4, cruciformes, oblanceolados ou obovados, de tamanho dependente do estado ecológico, finos, brilhantes, verde-escuros; margens inteiras a crenadas, se a água for abundante, os folíolos são de tamanho maior, muito reduzidos em condições xerofíticas.

Esporocarpos abundantes, pedunculados, compostos por dois tipos de esporos, o megásporo maior e os micrósporos mais pequenos.

Nome local: Jalpatti

Distribuição: Comum durante a época das chuvas e ao longo das margens dos charcos.

Utilizações: Tratamento de diarreias e doenças de pele.

Espécime examinado: O. B. 678, Bijori, Tamia

16. CYATHEACEAE

Alsophila J. Sm.

Alsophila balkrishanii (Dixit et Tripathi) R. D. Dixit, India Envron, 254. 1992. Cyathea blalarishnanni Dixit et Tripathi in Bull Bot. Surv. Indi 26 3,4):170,f.1-2. 1984. Feto arbóreo, 200-300 cm de altura; rizoma maciço, ereto, espesso. Estípulas até 100 cm, negro-escuras, ásperas, com menos espinhos curtos e menos escamas na parte basal, escamas castanho-escuras, rígidas, brilhantes com margens pálidas e frágeis, desprovidas de cerdas. Frondes pinadas, enormes, tufadas, compostas. Lamina bipinada-tripinnatifida, 40-72 cm, glabra, fina, verde escura, herbácea; pinas numerosas, pares, sésseis, ápice acuminado, base truncada; pínulas numerosas, pínulas basais distintamente pedunculadas, ápice acuminado, base truncada, alternadas, distintamente lobadas até 2/3 em direção à costa da fronde, raramente a partir do cóstulo, margem serrilhada, ráquis arroxeada, costa e cóstulas escamosas; nervuras livres, 4-5 pares, 10-24 pares, simples, peludas, escamosas. Sori castanho-escuro, semelhante a pêlos. Esporos trilobados, hialinos a amarelo-pálido, exina lisa.

Nome local: Bina Kantewala chind, Chota chind

Distribuição: Apenas uma espécie registada em Sirjot ghatlinga **Utilizações:** Rizoma fresco misturado com semente de pimenta preta (Piper nigrum) em pó, usado oralmente com leite de vaca duas vezes por dia durante uma semana, de estômago vazio, contra corrimento branco nas mulheres.

A pasta de rizoma fresco é utilizada localmente nos cortes e furúnculos.

Espécime examinado: O. B. 1089, Ghatlinga, Patalkot, Tamia

Alsophila spinosa Wall ex Hook., Sp. Fil. 1. 25.t.12C 1844. C. latebrosa (auct. non. Hook) semsi Rao e Narayanswamy em J. India Bot. Soc. 39:234. 1960; Tiwari in J. India Bot. Soc. 43(3) :451. 1964; Subr. &Hery in Bull Bot. Surv. India 8:209. 1966. Dixit, Census 94. 1984 & Indian Fern J. 3: 45 1986; Vasudeva & Bir, Indian Fern J. 10: 117 1993 Feto arbóreo; altura superior a 10 m; tronco arborescente, ereto, maciço. Estípulas 30-40 cm, estreitamente espinhosas, escamosas; espinhos 02- 05 cm, pontiagudos, afiados; escamas ca 10-20 x 10-20 mm, lineares- lanceoladas, castanho brilhante, margens estreitas pálidas frágeis. Frondes pinadas, enormes, lâmina bipinada, glabras, finas, verde-escuras, subcoriáceas; pinas numerosas, pares, 38-45 x 10-15 cm, alternas, pecioladas curtas, lanceoladas, ápice acuminado, base truncada ou subtruncada, as pinas mais baixas são as maiores; pínulas numerosas, 8-10 x 15-25 cm, alternas, pecioladas, margem profundamente lobada até à costa; lóbulos numerosos, 08-1x 03-04 cm, falcados, oblongos, estreitos, agudos, margens crenadas, serrilhadas, ráquis tremendamente castanha, costa e cóstulas escamosas; nervuras livres, 10-24 pares, simples bifurcadas, pinadas, peludas, escamosas. Sori indusiate, perto de costules, em fila única de cada lado da costa, grande, arredondado; indusia castanho claro, globoso. Esporos triletes, amarelo-pálido, 32-42 x 24-30 µm, tetraédricos a globosos, exina lisa.

Nome local: Chota chind , Bina kate wala

Distribuição: Raro

Utilizações: Pó seco de frondes e caule utilizado por via oral na artrite reumática

Espécime examinado: O.B. 1157, Ghatlinga Patalkot, Tamia

17. ATHYRIACEAE

1. **Athyrium** Roth.

1a. Veias livres, indúsio nu alongado ao longo da veia -Athyrium **1b.** Veias livres exceto algumas inferiores **ansstomosas-Diplazium**

Athyrium falcatum Bedd., Ferns South India f. 151.1865; Handb. Ferns Brit. Ind. 164. 1883; Tiwari in J. Ind. Bot. Soc. 43(3): 442. 1964.

Rizomas curtos, erectos, escamosos e espessos. Estípulas estramíneas, finas, escamosas, escamas castanho-claras concolores, lineares lanceoladas, margem inteira, ápice acuminado. Lamina pinada, lanceolada, textura herbácea espessa, glabra, pinas 12-20 pares, simples, alternas, sub-sésseis, falcado-ovadas, margem pouco lobada, geralmente auriculadas em ambos os lados. Sori indusiate, medial. Esporos castanhos claros.

Nome local: Hatajodi

Distribuição: Comummente cultivada em encostas com gramíneas.

Utilizações: O rizoma é utilizado para a tosse, dores reumáticas, picadas de escorpião.

Espécime examinado: O.B. 578, Anhoni. Zirpa

2. Dryopteris Adans.

Dryopteris cochleata (D. Don.) C. Chr. Ind. Fil. 258. 1905. Nephrodium cochleatum D. Don, Prod. Fl. Nepal 6. 1825. Lastrea filix-max Presl var. cochleata (D. Don.) Bedd., Handb. Ferns Brit. India 250. 1883. Rizomas espessos, sub-erectos, revestidos de escamas castanho-claras, lanceoladas. Frondes aproximadas, dimórficas; estipes castanho-castanhas e escamosas na região basal, estramíneas por cima, frondes estéreis bipinnatifidas, pinadas, alternas, sub-sésseis; frondes férteis profundamente contraídas, bipinadas; ráquis castanha com algumas pequenas escamas castanhas claras, de textura herbácea, peluda, de cor verde clara. Sori indusiate, indusium em forma de ferradura.

Nome local: Hath Jodi, Jatashanakr

Distribuição: Raro na zona de campo.

Utilizações: Purificador do sangue e também usado como antifúngico ativo.

Espécime examinado: O. B. 1012, Sirjot, Ghatlinga, Patalkot

18. NEFROLEPIDÁCEAS

Nephrolepis Schott.

Nephrolepis cofeifolia (Linn.) Presl, Tent. Pterid. 79. 1836; Bedd., Handb. Ferns Brit. India 282. t. 144. 1833. Nephrolepis tubresoa Presl Tent. Pterid. 79. 1836; Bedd., Ferns South India.t. 92. 1865.

Rizoma suberecto, densamente revestido por escamas finas e brilhantes de cor castanha clara em direção ao ápice, muitas delas com tubérculos. Frondes tufadas, finas, mas com películas até 45-50 cm de comprimento; estipes com 3-10 cm de comprimento, ligeiramente escamosas na base, lâmina pinada, pinas numerosas, apinhadas, imbricadas, margens onduladas a crenadas, base superior subcordada auriculada, base inferior mais estreita, não auriculada, ápice arredondado ou rudemente pontiagudo, textura coriácea, ambas as superfícies glabras, ráquis escamosa. Sori indusiate, cerca de metade da distância entre a nervura central e a margem, numa única fila, indusium firme, persistente.

Nome local: Panian

Distribuição: Comum em zonas florestais

Utilizações: Os tubérculos são doces e consumidos pelos aldeões.

Espécime examinado: O.B. Gaildubba, Patalkot, Tamia

19. BLECHNACEAE

BlechnumLinn.

Blechnum orintale Linn., Sp. Pl. 2:1077. 1753; Clark in Trans. Linn. Soc. London ser. II. Bot. 1:474. 1880; Bedd., Handb, Ferns Brit. Ind. 132. t. 66. 1883; Holttum, Rev. Fl. Malaya 2:446. 1955; Deb e Dutta em Journ. Bombay Nat. Hist. Soc. 68(3):585. 1972.

Rizomas erectos, com 5-10 cm de comprimento, pequenos a tornarem-se maciços com a idade, ápice densamente paleáceo, basifixo, subulate-lanceolado, inteiro a por vezes com saliências muito pequenas. Frondes tufadas, gigantescas, pontas cobertas de escamas, estipes com pequenas aurículas, espaçadas de 2-3 cm. Lamina pinada; pinadas numerosas, oblíquas, estreitando-se gradualmente em direção ao ápice; nervuras livres, simples ou bifurcadas. Os soros são exemplares, lineares de cada lado da nervura central.

Nome local: Hatha panja, buti

Distribuição: Comum no vale de Chota Mahadeo, Tamia

Utilização: Os rizomas são comestíveis e também utilizados em doenças urinárias e como anátema.

Espécimes examinados: O.B. 881, Dailakahari.

20. AZOLLACEAE AZOLLA L.

Azolla pinnata R. Br. em Prod. Fl. N. Holl. 167.1810.

Pequenas plantas aquáticas com 1,5-2 cm de comprimento e 1 cm de largura, rizoma muito delgado, em ziguezague, ramificado, ramos alternados, raízes numerosas com vários hastes para baixo. Folhas em duas filas alternadas, bilobadas, com um lóbulo flutuante e outro submerso, próximos, juntos, superfície superior papilosa, folhas mais velhas de cor vermelha opaca. Sori indusiate em lóbulos de folhas submersas perto da base dos ramos; indusium basifixed. Microsporângios numerosos, cada um produzindo 64 microsporos, megasporângios escassos.

Nome local: Sansani,

Utilizações: Esta planta é utilizada como alimento para patos, sendo também uma boa ração para aves e patos e para o controlo de mosquitos: Comum em charcos estagnados.

Espécime examinado: O. B. 504, Talabdhana, Tamia

V. RESUMO E CONCLUSÃO

Existem cerca de muitas espécies de pteridófitas que crescem nas variadas condições ecológicas do distrito de Chhindwara, Madhya-Pradesh, Índia. Os nossos conhecimentos sobre as pteridófitas da Índia foram adquiridos através dos trabalhos de Beddome, Clarke e Hope, Dixit, Sahu, etc., cujos trabalhos, embora datem de há mais de um século, são relevantes devido à sua cobertura magistral de uma vasta área. Mas como as nomenclaturas utilizadas por eles mudaram em muitos casos e não há dados de distribuição adequados nos seus trabalhos, é difícil localizar uma espécie numa vasta área. Foram efectuados muitos estudos florísticos, tanto a nível estatal como regional. Mas quase não há trabalhos sobre a flora de Pteridófitas. O distrito de Chhindwara foi selecionado por representar uma vasta área das colinas de Satpura, Madhya-Pradesh. O objetivo deste estudo era não só registar as pteridófitas desta área, mas também preparar uma descrição actualizada e abrangente da morfologia destas plantas. Com base nos dados de distribuição destas plantas, seria também sugerida a sua conservação, se necessário. O distrito de Chhindwara situa-se na região sudoeste da cadeia de montanhas de Satpura. Estende-se de 21^0 28' a 22^0 49' Deg. Norte (longitude) e 78^0 10' a 79^0 28'Deg. Este (latitude) e estende-se por uma área de 11 815 km2 . Este distrito faz fronteira com as planícies do distrito de Nagpur (no Estado de Maharashtra) a Sul, com os distritos de Hoshangabad e Narsinghpur a Norte, com o distrito de Betul a Oeste e com o distrito de Seoni a Leste. O distrito de Chhindwara ocupa a 10ª posição[th] em termos de área no estado de Madhya-Pradesh e ocupa 2,67% da área do estado. Durante vários anos foram efectuadas visitas de campo a diferentes áreas do distrito, as plantas foram recolhidas, secas e preservadas. Foram registadas notas de campo e as identificações das plantas foram feitas de acordo com a literatura publicada. Foram encontradas trinta espécies a crescer no distrito de Chhindwara, classificadas em vinte e um géneros e vinte famílias.

O quadro I mostra o número de géneros e espécies de cada família nas Pteridófitas do distrito de Chhindwara:

NÃO DE FAMÍLIA	N.O DE GÉNERA	NÚMERO DE ESPÉCIES
1.LICOPODIÁCEAS	1	1
2.SELAGINELLACEAE	1	6
3.ISOETACEAE	1	2
4.EQUISETACEAE	1	2
5.PSILOTACEAE	1	1
6.BOTRYCHIACEAE	1	1
7.OPHIOGLOSSACEAE	1	2
8.ANGIOPTERIDACEAE	1	1
9.OSMUNDACEAE	1	1
10. DICRANOPTERIDACEAE	1	1
11. ACTINIOPTERIDACEAE	1	2
12. PTERIDACEAE	1	1
13. ADIANTACEAE	1	1
14. PARKERIACEAE	1	1
15. MARSILEACEAE	1	1
16. CYATHEACEAE	1	2
17. ATHYRIACEAE	2	2
18. NEFROLEPIDACEAE	1	1
19. BLECHNACEAE	1	1
20. AZOLLACEAE	1	1
Número total de famílias = 20,	Número total de géneros = 21	Número total de espécies = 30

FOTOGRAFIAS

Marsilea minuta Linn.

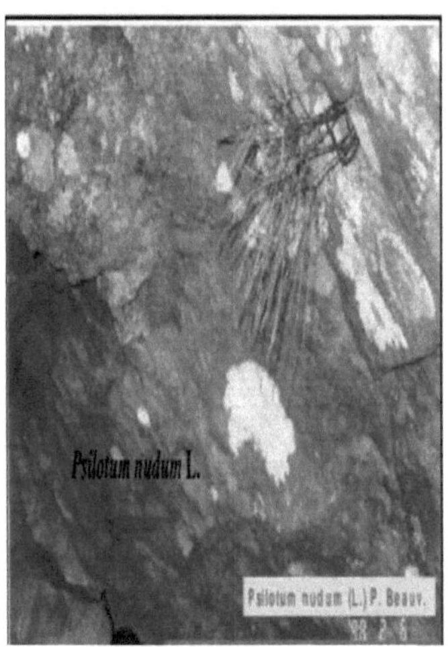

Psilotum nudum (Linn.) P. Beauv.

Pteris vittata Linn.

Selaginella bryopters (Linn.) Baker.

Blechnum orintale Linn.

Equisetum diffusum D. Don.

Isoetes coromandelina Linn.

Ophioglossum granineum Willd

My research study area Patalkot Tamia

O meu trabalho de investigação em Patalkot, Tamia, Chhindwara, Madhya-Pradesh

VI. REFERÊNCIAS

1. Omkar Bawistale (2011) "Estudos sobre a flora da colina de Satpura com as referências especiais do distrito de Chhindwara M.P. Ph. Tese de doutoramento apresentada ao Dr. Harisingh Gour da Universidade Central de Sagar, Madhya-Pradesh, Índia.

2. Omkar Bawistale (2022) "Poisonous plants of Chhindwara District, Madhya-Pradesh, India" (Livro publicado) LAP Lambert Academic Publishing (Alemanha)[ISBN 13978-620-4-95389-2.].

3. Omkar Bawistale (2023) Climbers of Chhindwara District, Madhya-Pradesh, India (Livro Publicado) Publicação da Orange Books (Edição: 1, 2023); Género: Académico (Índia) [ISBN: 9789356211704.]

4. Omkar Bawistale, T. R. Sahu, Pankaj Sahu e Brajesh Sahu (2007) "Check list of medicinal flora of Patalkot, District Chhindwara Madhya Pradesh" Life Science Bulletin 4(1&2) Page No.:53-56. [ISSN:0972-995X]

5. Omkar Bawistale, Brajesh Sahu e Pankaj Sahu (2010) "Algumas plantas na medicina popular do distrito de hhindwara Madhya Pradesh. "Annals of Pharmacy and Pharmaceutical Sciences.Vol.1. Página n.º 106 -108 [ISSN:0976-125X].

6. Omkar Bawistale, T. R. Sahu, Pankaj Sahu e Brajesh Sahu (2010) "Medicinal importance of grasses of Chhindwara District Madhya Pradesh." International Journal of Plant Science. Vol.5. Página nº: 696-997. [ISSN:09731547]

7. Omkar Bawistale, (2010) "Pteridophytes of District Chhindwara Madhya Pradesh." Revista Internacional de Ciência das Plantas Vol.5. Página nº: 639-641. [ISSN: 0973- 1547]

8. Omkar Bawistale, (2011) "Phytoresources of Satpura region of Chhindwara District Madhya Pradesh: An ethno-medicinal case study for antimalarial" Biozone International Journal of Life Science. Vol. 3(1 & 2) Page No.: 486 -

491. [ISSN:0974-8873]

9. Omkar Bawistale, T. R. Sahu (2012) "Planta medicinal da zona de Silewani, Th. Sausar District Chhindwara Madhya Pradesh". Jornal Internacional de Ciência das Plantas. Vol. 7 (1). Página nº: 190 - 192. [ISSN:0973-1547]

10. Bawistale Omkar, Dua V.K. & Sahu T. R. (2014) "Diversidade de Pteridófitas em Patalkot, Distrito de Chhindwara". Jornal de Ciência Contemporânea (Um Jornal Internacional) Vol.-3, Issue-I. Página nº: 66-70. [ISBN: 2278-8418]

T. Omkar Bawistale, Dev Nandinin Sonekar, Pankaj Sahu, R. Sahu & V.K. Dua (2015) "A família Caryophyllaceae de Chhindwara District Madhya Pradesh". Jornal de Ciência Contemporânea. Conferência nacional 2-3 de janeiro de 2015. Página n.º:26-27[ISBN: 2278-8418].

11. Omkar Bawistale, Pankaj Sahu, T. R. Sahu, Dev Nandini Sonekar & V.K. Dua (2015) "Planta utilizada na cerimónia religiosa das mulheres do distrito de Chhindwara Madhya Pradesh". Jornal de Ciência Contemporânea. Conferência nacional de 2 a 3 de janeiro de 2015. Página n.º: 17-19. [ISSN: ISBN: 2278-8418]

12. Omkar Bawistale, Dev Nandini Sonekar, T. R. Sahu & V.K. Dua (2015) "Aspectos económicos das colinas Flora Satpura do distrito de Chhindwara Madhya Pradesh." Jornal de investigação trimestral Chhindwara Shodhodaya, dezembro de 2014. Página n.º: 8-10.

T. Omkar Bawistale, Dev Nandini Sonekar, V. K. Dua & R. Sahu (2015) "A Família Amyllidaceae do Distrito de Chhindwara Madhya Pradesh." Jornal de pesquisa trimestral Chhindwara Shodhodaya, dezembro de 2014. Página nº:79-80.

13. Omkar Bawistale, V. K. Dua & T. R. Sahu (2015) "Genera veronica of Satpura Region, Chhindwara district, Madhya Pradesh, India". Jornal de Ciência Contemporânea. Vol. 4 (1) 2015. Página nº: 26-28. [ISSN:2278-8418]

14. Omkar Bawistale (2015) "Biodiversidade de espécies do distrito de Pandhurna Chhindwara M.P." Seminário Nacional 12-13 de outubro de 2015, S.N.P.G. College Chhindwara Khandwara Madhya Pradesh. Página 129-131. [ISSN: 2295-4442]

15. Omkar Bawistale, Dev Nandini Sonekar, R. Ahirwar e Bakul Lad (2015) "Biodiversidade aquática da região de Satpura Madhya Pradesh". Revista Internacional de Extensão da Educação (IJEE). Página nº 24-27. [ISSN: 2278-537X]

16. Omkar Bawistale, Dev Nandini Sonekar (2016) "Diversidade de Gimnospérmicas do Distrito de Chhindwara, Madhya Pradesh, Índia." South Asia Journal of Multidisciplinary Studies Vol. 13, Número 7, março de 2016. Página 1-3. [ISSN: 2395-1079]

17. Omkar Bawistale (2016) "Diversidade de Orchidiaceae e sua importância económica no distrito de Patalkot Chhindwara M.P. Índia: Um estudo de caso" Vol .1 Issue I Jan. 2016, RMI Ref. N.º 1284293 Código do título MPENG 01303.

18. Omkar Bawistale (2016) "Flora de ervas daninhas da região de Satpura, distrito de Chhindwara M.P." Vol(1)2016 Journal of Contemporary Science (An international Journal) Vol.1, 2016 Página nº: 35-29 [ISBN: 2278-8418]

19. Omkar Bawistale, Dev Nandini Sonekar (2016) "Diversidade de plantas medicinais em Sausar, distrito de Chhindwara, Madhya Pradesh, Índia." Jornal do Sul da Ásia de Estudos Multidisciplinares Vol. 13, Número 7, março de 2016. Página 4-6. [ISSN: 2395-1079]

20. Omkar Bawistale (2016) "Axnopus compressus (Sw.) Baeuv. (Poaceae) Novo registo para a região de Satpura, Madhya Pradesh, Índia. Flora and Founa Vol. 22 No. 1 Page no. 26-28.[ISSN 0971-6920]

21. Omkar Bawistale (2017) "Utilização de plantas medicinais pelas tribos

Gound e Bharia da região de Satpura, distrito de Chhindwara, Madhya Pradesh, Índia: Um estudo de caso" Revista Internacional de Pesquisa Aplicada e Universal Vol.IV, IssueI, Jan.-Fev. 2017 Página No.:40-42; [E-ISSN No. 2395-0269]

22. Omkar Bawistale (2017) "Espécies de plantas forrageiras e de cultura do distrito de Chhindwara, Madhya Pradesh, Índia" Revista Internacional de Investigação Aplicada e Universal Vol. IV, Edição I, Jan. - Fev. 2017 Página No.:50-60. [E-ISSN No. 2395-0269]

23. Omkar Bawistale (2017) "Esforços religiosos de conservação da região de Satpura, Madhya Pradesh, Índia: A case study plant used of religious ceremony near Narmada Basin" Times of Bio- Diversity Vol. 7; janeiro de 2017; Página n.º: 30-33. [ISSN No. 2456-691]

24. Omkar Bawistale (2017) "Patalkot jila Chhindwara Madhya Pradesh jaiv vividhata virasat avm sanrakhan" Jornal Internacional de Pesquisa Aplicada e Universal Volume IV, Edição VI, dezembro de 2017 Página no 29-34. [E- ISSN No: 2395-0269]

25. Omkar Bawistale (2018) "Ficus capulata Haines (Moraceae) Novo registro do distrito de Chhindwara, região de Satpura de Madhya - Pradesh, Índia." Revista Internacional de Ciências Vegetais Volume 13 | Edição 1 | janeiro, 2018 | 124-126. DOI: 10.15740/HAS/IJPS/13.1/124-126.

26. Omkar Bawistale (2018) "Espécies de plantas forrageiras e de cultura do distrito de Chhindwara, Madhya Pradesh" Times of Biodiversity Volume - 7, janeiro de 2018. Página n.º 38-41 [ISSN n.º 2456-6918].

27. Bawistale, O. & Sahu, T.R. (2018) "Estudo da Vegetação e Flora do Distrito de Chhindwara, região de Satpura, Madhya Pradesh." Conferência Internacional sobre Tendências Recentes em Ciência e Tecnologia Organizada por S.S.S.K.R. Innani Mahavidyalaya, Karanja (Lad) Data: 22 e 23 de março de 2018. Aayushi International Interdisciplinary Research Journal (AIIRJ) Página nº 487-490. [ISSN 2349-638X.]Omkar Bawistale, Omkar Solunke & T. R. Sahu

(2018) "Family Asclepiadaceae in Satpura region Madhya Pradesh: Um estudo de caso "Madhya Bharti journal of Science.Vol. 61(1) Page no 30-40. [ISSN 0972-7434.]

28. Omkar Bawistale (2020) "Alguma importância da utilização de ervas medicinais selvagens de Patalkot, distrito de Chhindwara, Madhya-Pradesh, Índia - um estudo de caso" International Journal of Applied and Universal Research. Vol. VII, Número II, abril de 2020. Página nº: 8-11 [E- ISSN No: 2395-0269].

29. Omkar Bawistale e Brajesh Kumar Sahu (2020) "Musa rosacea (Syn. Musa ornata) Jaca, (Musaceae) Novo registo em Chhindwara, Madhya Pradesh." Volume 39. No. 1. junho de 2020. Página nº: 14-16. [Online: ISSN 2455-7129.] [DOI: 10.5958/2455-7129.2020.00002.3]

30. Omkar Bawistale & Brajesh Kumar Sahu (2021) "Algumas plantas terapêuticas em Patalkot, Tamia, distrito de Chhindwara, Madhya-Pradesh." Publicado no Livro - Plantas etnomedicinais como reforço imunológico Editor-Sarita Ghanghat, Página n.º: 97-104 [ISSN 978-93-92212-95-6] Primeira edição, março - 2021.

31. Omkar Bawistale; Simple Patil, & N.D. Khobragade (2022) "Diversidade de plantas medicinais na área urbana do Distrito de Chhindwara: Um estudo de caso" International Journal of Applied and Universal Research. Volume IX, Edição I, Jan. - Fev. 2022 Página nº: 31-37.

32. Omkar Bawistale, Suman Mishra, Brajesh Kumar Sahu e Jaishree Borana (2022) "Diversidade de plantas medicinais no sistema de medicina ayurvédica utilizado no distrito de Chhindwara Madhya-Pradesh, Índia: Um estudo de caso" Journal of Medicinal Plants Studies 2022; 10(6): 40-48 [ISSN (E): 2320-3862 ISSN (P): 2394-0530]

33. Shweta Singh e T. R. Sahu (2015) "Fetos arbóreos da Reserva da Biosfera de Pachmarhi, Madhya Pradesh, Índia: Taxonomia, Etnobotânica e Conservação" International Journal of Advanced Research. Volume 3, Número 8, 566-577

34. Balendra Pratap Singh e Ravi Upadhyay (2014) "Pteridófitas Medicinais de Madhya Pradesh". Jornal de Estudos de Plantas Medicinais 2014; 2(4): 65-68.
35. Vaishalee Thakur e Anoop Singh Baghel (2023) Diversidade de Pteridófitas do distrito de Chhindwara, Madhya Pradesh India Journal of Medicinal Plants Studies 2023; 11(1): 140-143.
36. Singh JB: "Alguns fetos medicinais das colinas de Pachmarhi (M.P.)" Journal of Science and Research, BHU 1969- 1970; 20: 227-230.
37. Shankar R e Khare PK: (1994) "Ethnobotanical studies of some ferns from Pachmarhi hills (M.P.)". Higher plants of Indian subcontinent 1994; 111: 289-294.
38. Singh S. (1992) "Pteridophytic flora of Central India (Tese de Doutoramento)" Dr. Hari Singh Gaur Vishwavidyalaya, Sagar, (M.P.) 2006.
39. Vasudeva SM and Bir SS(1992) Pteridophytic flora of Pachmarhi Hills, Central India-I (General Account and Families: Psilotaceae-Isoctaceae). Indian Fern Journal 1992; 9: 153-173.
40. Vasudeva SM and Bir SS(1993) Pteridophytic Flora of Pactamarhi Hills, Central India-II (Keys to Different Taxa and Fern Families: OphioglossaceaeDavalliaceae). Indian Fern Journal 1993; 10: 40-72.
41. Vasudeva SM and Bir SS(1993) Pteridophytic Flora of Pachmarhi Hills, Central India-III (Fern Families: Gleicheniaceae- Athyriaceae). Indian Fern Journal 1993; 10: 113-138.
42. Vasudeva SM and Bir SS: Pteridophytic Flora of Pachmarhi Hills, Central India-IV (Fern Families: Thelypteridaceae-Marsileaceae). Indian Fern Journal 1993; 10: 172-205.
43. Vasudeva SM: Ethnobotany of Pteridophytic flora of Pachmarhi Tamia & Patalkot (Satpura Hills) Central India. Simpósio Nacional sobre 50 anos de Pteridologia na Índia em Retrospeto e Perspetiva (12-14 de novembro) Universidade de Jiwaji Gwalior. MP 1999; 30-31.
44. Vasudeva SM: Economic uses of Pteridophytes by the tribals of Tamia hills & Patalkot Valley Distt. Chhindwara de Madhya Pradesh. Bionotes 1998; 1(4):

81.

45. Vasudeva SM: Economic Importance of Pteridophytes. Indian Fern Journal 1999; 16: 130-152.

46. Singh S, Dixit RD e Sahu TR: Some medicinally important Pteridophytes of Central India, International Journal of forestry Usufruct Management 2003; 4(2): 41-51.

47. Singh S, Dixit RD e Sahu TR: Uso etnobotânico de Pteridófitas de Amarkantak (MP). Indian Journal of Traditional Knowledge 2005; 4(4): 392-395.

48. Singh S, Dixit RD e Sahu TR: Pteridófitos etnomedicinais da Reserva da Biosfera de Pachmarhi, Madhya Pradesh. Indigenous knowledge: an application. Editora Científica, Jaipur 2007: 121-147.

49. Singh BP e Upadhyay R: Observações sobre alguns fetos da Reserva da Biosfera de Pachmarhi em utilizações veterinárias tradicionais. Indian fern Journal 2010; 27: 94- 100.

50. Bir SS, Vasudeva SM. Ecological and phytogeographical observation on the Pteridophytic flora of Pachmarhi hills (Central India). Índia. J Bot. Sci. 1973;51:297-304.

51. Bir SS, Vasudeva SM. Systematic account of Pteridophytes of Pachmarhi Hills, Central India. Plant Sci. 1972;5:71-86.

52. Chandra S. Endemic Pteridophytes of India (Pteridófitas endémicas da Índia). J Econ. Tax. Bot. 1998;22:157-172.

53. Chandra S, Kaur S. Nomenclatura dos fetos indianos. Indian Fern J. 1994;l(11):7-11.

54. Dixit RD. Ecology and Taxonomy of Pteridophytes of Madhya Pradesh. Conferência Nacional sobre Pteridófitas, NBRI, Resumo; c1988. p. 11-12.

55. Dixit RD. A Census of the Indian Pteridophytes, Botanical Survey of India, Calcutá; c1984.

56. Dixit RD. A conspectus of Pteridophytes diversity in India. Indian Fern J.

2000;17:77-91.
57. Pande HC, Pande PC. An Illustrated Fern Flora of Kumaun Himalaya Vol.I & Vol.II, Bishen of Pteridophytes of Madhya Pradesh. Indian Fern J. 2002;6:140-159.
58. Panigahi G, Dixit RD. Estudos em Pteridófitas IV. A família Ophiglossaceae na Índia Proc. Nat. Inst. Scei. India. Ser. B., 1969;35:230-266.
59. Singh S, Panigrahi G. Ferns and fern-Allies of Arunachal Pradesh 1; 2. Bishen Singh Mahendra Pal Singh, Dehra Dun, Índia; c2005. p. 881.
60. Upadhyay Ravi, Singh Balendra P. Leptochilus lanceolatus Fee um novo registo de Hoshangabad, MadhyaPradesh. J Indian Bot. Soc. 2010;89(3&4):268-269.
61. Upadhyay Ravi, Singh Balendra P, Trivedi Sharad Upadhyay. Observações etno-medicinais sobre o feto arbóreo ameaçado, Cyathea spinulosa Wall. Ex Hook., em Satpura Hills. Indian Fern J. 2011;28:129-136.
62. Vasudeva SM, Bir SS. Pteridophytic flora of Pachmarhi Hills, Central India-I (General Account & Families: Psilotaceae Isoctaceae), Indian Fern J. 1992;9:153-173.
63. Vasudeva SM. Peculiaridades da Flora de Pteridófitas de Pachmarhi, Satpura Hills (Índia Central). Indian Fern J. 1995;12:29-42.
64. Saxena HO, Shukla CS. Plantas medicinais de Patalkot Chhindwara. Boletim Técnico; c1971(13).
65. Scartezzini P e Speroni E: Revisão de algumas plantas da medicina tradicional indiana com atividade antioxidante. Journal of Ethnopharmacology 2007; 1(1-2): 23-43.
66. Caius JF: Os fetos medicinais e venenosos da Índia. Journal of the Bombay Natural and History Society 1935; 38(2): 341-361.
67. Dixit RD: Fetos - um uso muito negligenciado de algumas espécies de Pteridófitas na Índia-I. Jornal de Investigação em Medicina Indiana 1974; 9(4): 59-68.
68. Dixit RD: Fetos - um uso muito negligenciado de algumas espécies de

Pteridófitas na Índia III. Jornal de Investigação em Medicina Indiana 1975; 10(2): 74-90.

69. Dixit RD: Fetos - um uso muito negligenciado de algumas espécies de Pteridófitas na Índia-II. Indian Fern Journal 1975; 15: 61-65.

70. May LW: The economic uses and associated folklore of ferns and fern allies. Botanical review 1978; 44 (4): 191-528.

71. Dhiman AK: Usos etnomedicinais de algumas espécies de Pteridófitas na Índia. Indian Fern Journal 1998; 15 (1-2): 61-64.

72. Kholia BS e Punetha NN: Useful Pteriophytes of Kumaon Central Himalaya, India.Fern Journal 2005; 22: 1-6.

73. Shrivastava K: Importância dos fetos na medicina humana. Folhetos etnobotânicos 2007; 11: 231-234.

74. Shrivastava K: Estudos etnobotânicos de alguns fetos importantes. Folhetos etnobotânicos 2007; 11: 164-172.

75. Benjamin A e Manickam VS: Medicinal pteridophytes from the Western Ghats. Indian Journal of Traditional Knowledge 2007; 6(4)10: 611-618.

76. Fosberg FR: Uses of Hawaiian Ferns (Usos dos fetos do Havai). American Fern Journal 1942; 32: 15-23.

77. Copeland EB: Fetos comestíveis. American Fern Journal 1942; 32: 121-126.

78. Lloyd RM: Ethnobotanical uses of California Pteridophytes by Western Indians. American Fern Journal 1964; 54: 76-82.

79. Hodge W H: Alimentos de fetos do Japão e o problema da toxicidade. American Fern Journal 1973; 63: 77-80.

80. Christensen H: Uses of ferns in two Indigenous communities in Sarawak, Malaysia (Usos de fetos em duas comunidades indígenas em Sarawak, Malásia). Royal Botanical Garden, Kew, Holttum Memorial Volume, 1997: 177- 192.

81. Manickam VS: Fetos medicinais da Índia. Amruth 1999; 2: 3-9.

82. Singh L, Singh S, Singh K e Singh JE: Usos etnobotânicos de algumas espécies de Pteridófitas em Manipur. Indian Fern Journal 2001; 18(1-2): 14-17.

83. Shirsa RP: Ethnomedicinal Uses of some Common Bryophytes and Pteridophytes Used by Tribals of Melghat Region (MS), India. Ethnobotanical Leaflets 2008; 12: 690-92.
84. Shirsa RP: Ethnobotaical uses of some ferns used by Garo tribals of Meghalaya. Advanced Plant Science 2008; 15(2): 401-405.
85. Rout SD, Panda T e Mishra N: Estudos etnomedicinais sobre algumas Pteridófitas da Reserva da Biosfera de Simlipal, Orissa, Índia. Revista Internacional de Medicina e Ciências Medicinais 2009; 1(5): 192- 197.
86. Manickam VS e Irudayaraj V: Pteridophytic flora of the Western Ghats, South India. BI Publications Private Limited New Delhi, 1992.
87. Kirtikar KR e Basu BD: Indian Medicinal Plants I-IV. Distribuidores Internacionais de Livros. Dehra Dun, Índia, 1935.
88. Nayar BK: Fetos medicinais da Índia. Boletim do Jardim Botânico Nacional, Lucknow 1959; 29: 1-36.
89. Puri HS: Indian Pteridophytes used in folk remedies (Pteridófitas indianas usadas em remédios populares). American Fern Journal 1970; 56: 79-81.
90. Singh HB: Potential medicinal Pteridophytes of India and their chemical constituents. Jornal de Botânica Económica e Taxonómica 1999; 23(1): 63-78.
91. Dixit RD e Singh S: Medicinal Pteridophytes-An Overview. Medicinal Plants Utilization and Conservation, Aavishkar Publication, Jaipur 2004: 268-297.
92. Kumar A e Kaushik P: Efeito antibacteriano de Adiantum capillus veneris Linn. Indian Fern Journal 1999; 16: 72-74.
93. Parihar P e Bohra A: Eficácia antifúngica de várias partes de plantas Pteriodofíticas: um estudo in vitro. Avanços em Ciências Vegetais 2002; 15(1): 35-38.
94. Parihar P e Parihar L: Algumas Pteridófitas de importância medicinal de Rajasthan. Natural Product Radiance 2006; 5(4): 297-302.
95. Benerjee RD e Sen SP: Antibiotic activity of Pteridophytes. Economic Botany 1998; 34(2): 284-298.

96. Kulandairaj D e John DB: Antibacterial and antifungal activity of secondary metabolites from some medicinal and other common plant species. Jornal de Botânica Económica e Taxonómica 2000; 24: 21.

97. Singh VP e Kaul A: Biodiversity and Vegetation of Pachmarhi Hills. Scientific Publishers, Jodhpur, Índia 2002.

98. Singh JB: Alguns fetos medicinais das colinas de Pachmarhi (M.P.). Jornal de Ciência e Investigação, BHU 1969- 1970; 20: 227-230.

99. Shankar R e Khare PK: Estudos etnobotânicos de alguns fetos das colinas de Pachmarhi (M.P.). Higher plants of Indian subcontinent 1994; 111: 289-294.

100. Singh S: Pteridophytic flora of Central India (Tese de doutoramento), Dr. Hari Singh Gaur Vishwavidyalaya, Sagar, (M.P.) 2006.

101. Singh S, Dixit RD e Sahu TR: Some medicinally important Pteridophytes of Central India, International Journal of forestry Usufruct Management 2003; 4(2): 41-51.

102. Singh S, Dixit RD e Sahu TR: Uso etnobotânico de Pteridófitas de Amarkantak (MP). Indian Journal of Traditional Knowledge 2005; 4(4): 392-395.

103. Singh S, Dixit RD e Sahu TR: Pteridófitos etnomedicinais da Reserva da Biosfera de Pachmarhi, Madhya Pradesh. Indigenous knowledge: an application. Editora Científica, Jaipur 2007: 121-147.

104. Singh BP e Upadhyay R: Observações sobre alguns fetos da Reserva da Biosfera de Pachmarhi em utilizações veterinárias tradicionais. Indian fern Journal 2010; 27: 94- 100.

105. Singh RP: Reserva da Biosfera de Pachmarhi. Serviço de Informação da Reserva da Biosfera (BRIS), Publicação Bianual. Organização de Planeamento e Coordenação Ambiental, Bhopal, Madhya Pradesh Terceira Edição 2005.

Printed by Books on Demand GmbH, Norderstedt / Germany